献给罗伊德·史密斯，一个热爱植物
（尤其是那些捕食虫子和小动物的植物）的人，
以及所有珍爱绿色的植物学家！
——尼古拉·戴维斯

献给露西、索菲和艾米莉。
——艾米莉·萨顿

图书在版编目（CIP）数据

绿色生命：地球上的植物故事 /（英）尼古拉·戴
维斯著；（英）艾米莉·萨顿绘；范晓星译. -- 北京：
北京联合出版公司，2025. 1. -- ISBN 978-7-5596-8050-
1

Ⅰ. Q94-49

中国国家版本馆 CIP 数据核字第 2024QK6454 号

GREEN-THE STORY OF PLANT LIFE ON OUR PLANET
Text © 2024 Nicola Davies
Illustrations © 2024 Emily Sutton
Published by arrangement with Walker Books Limited, London SE11 5HJ

绿色生命：地球上的植物故事

著　者：[英]尼古拉·戴维斯
绘　者：[英]艾米莉·萨顿
译　者：范晓星
出品人：赵晓仕
选题策划：北京天略图书有限公司
责任编辑：周杨
特约编辑：杨晶
责任校对：罗盈莹
美术编辑：刘晓红

北京联合出版公司出版
（北京市西城区德外大街 83 号楼 9 层　100088）
北京联合天畅文化传播公司发行
中华商务联合印刷（广东）有限公司印刷　新华书店经销
字数 5 千字　889 毫米 ×1194 毫米　1/12　3⅓ 印张
2025 年 1 月第 1 版　2025 年 1 月第 1 次印刷
ISBN 978-7-5596-8050-1
定价：59.00 元

绿色生命

地球上的植物故事

［英］尼古拉·戴维斯◉著　　［英］艾米莉·萨顿◉绘

范晓星◉译

北京联合出版公司
Beijing United Publishing Co.,Ltd.

这棵树看上去很悠闲，没有风的时候，
它一动不动，悄无声息，
就这样矗立在阳光下，**高大、苍翠**。

实际上，这棵树非常忙碌：

在树木内部，水从根部进入，顺着树干上升，经过每根树杈、枝条，到达每片树叶。

有一种你看不见的气体，叫作二氧化碳，也进入树叶。作为空气的组成部分，二氧化碳通过细小的气孔钻进树叶。这些小得看不见的气孔，布满了每片树叶。

另外，每片树叶都在忙着吸收阳光。

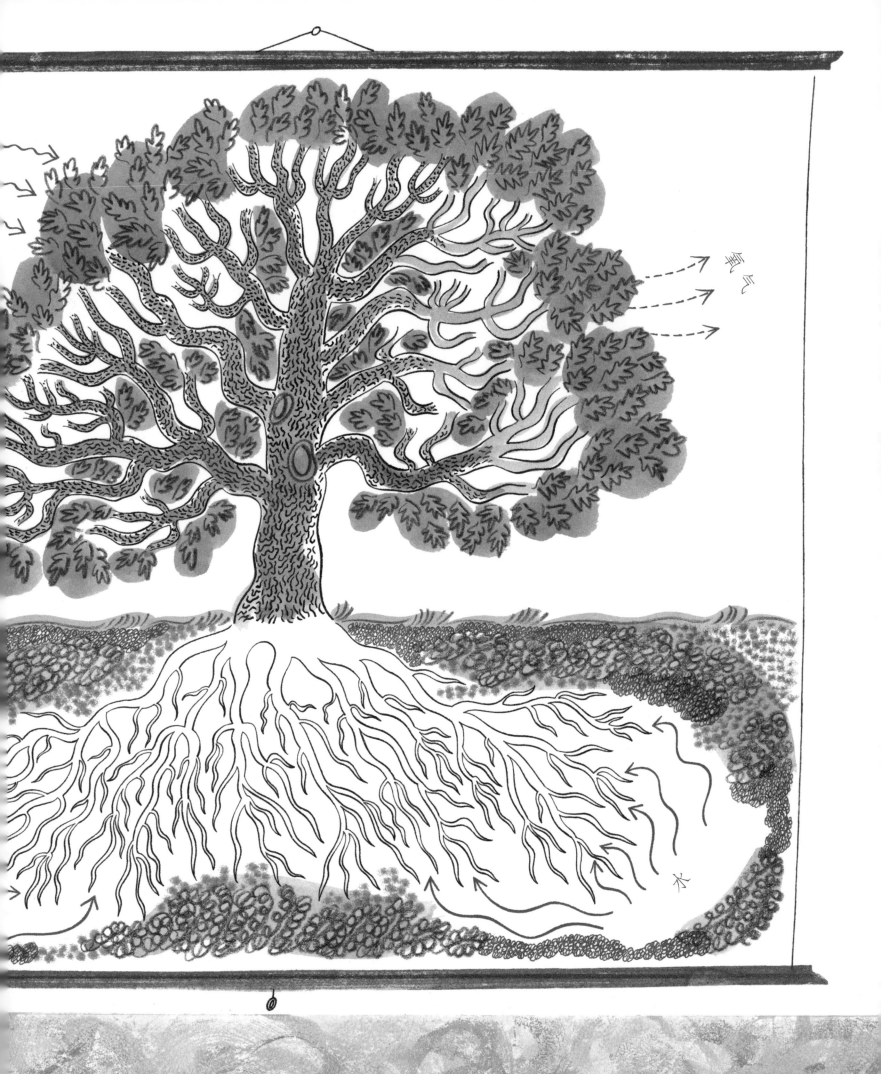

叶脉将水输送到树叶的各个部分。

放大400倍

　　树叶也许看起来薄如纸，可是在显微镜下，你能看到它们由一层层很小、很小，叫作细胞的东西组成。每个细胞里有许多颜色更深的绿色物质挤在一起。

　　这些绿色物质是树身上最繁忙的部分。它们不仅呈现为绿色，还能接收阳光里的能量，并利用这种能量将二氧化碳和水变成糖类和另一种气体——氧气。

　　树以糖类作为食物，生长出更多的树叶、根和枝杈，并通过树叶上的气孔释放氧气。

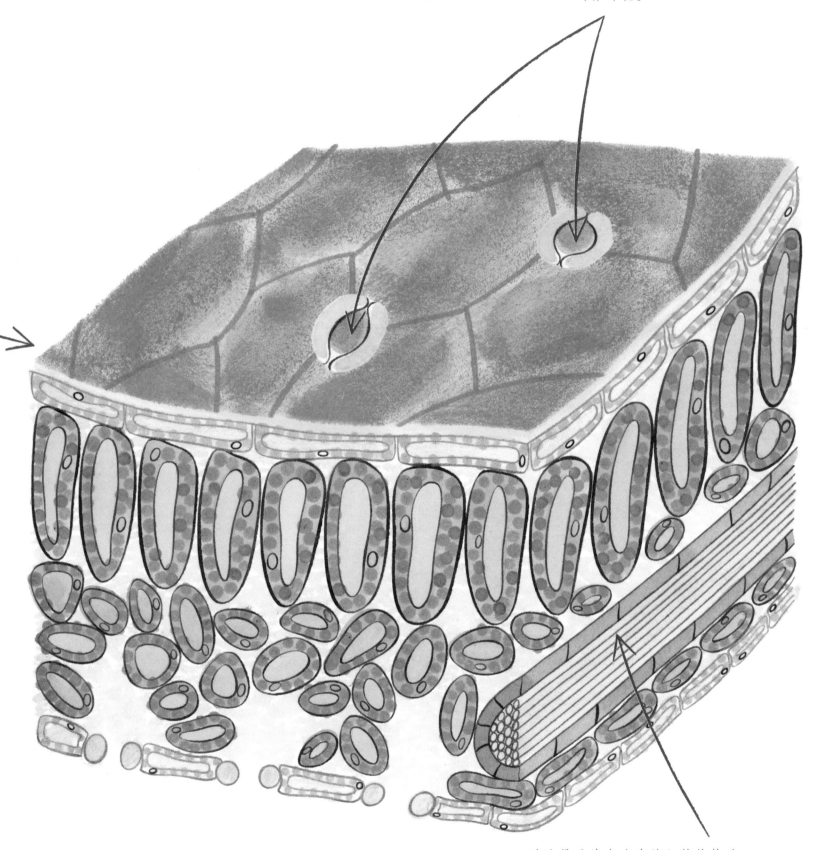

树叶上用来交换气体的小孔，
叫作叶孔。

叶脉是叶片上分布的细管状构造。
这些细管把水从树的根部输送到全身。

这个过程叫作**光合作用**。

所有绿色植物都有这个本领。这也是它们为什么是绿色的原因。

到处都有绿色植物。

所有动物都依赖植物制造的食物和释放的氧气生存。

图中的箭头指向每种动物吃的东西。顺着箭头的方向看，
你会发现即便是肉食性动物，也要依赖植物才能获取食物。

动物吸进氧气，用它从食物中获取能量，称为**呼吸作用**。
这个过程与光合作用相反。这两种作用共同使我们的空气成分平衡，正好适合生命生存。

呼吸作用<u>利用</u>氧气，<u>制造</u>二氧化碳。

光合作用利用
二氧化碳，
制造氧气。

然而，情况并非一直如此。38亿年前，地球上的空气是有毒的。只有微生物这样非常微小的生物可以生存。

38 亿 年 前

最早的单细胞微生物出现

最早的植物非常简单——只有一个细胞那么大。它们呈链状或者团状聚集在一起。

后来，到了大约35亿年前，可以进行光合作用的微生物出现了。它们是最早的植物——藻类。它们很小，但能在浅海地区成片或者成堆出现——它们是最早将氧气释放到空气中的。

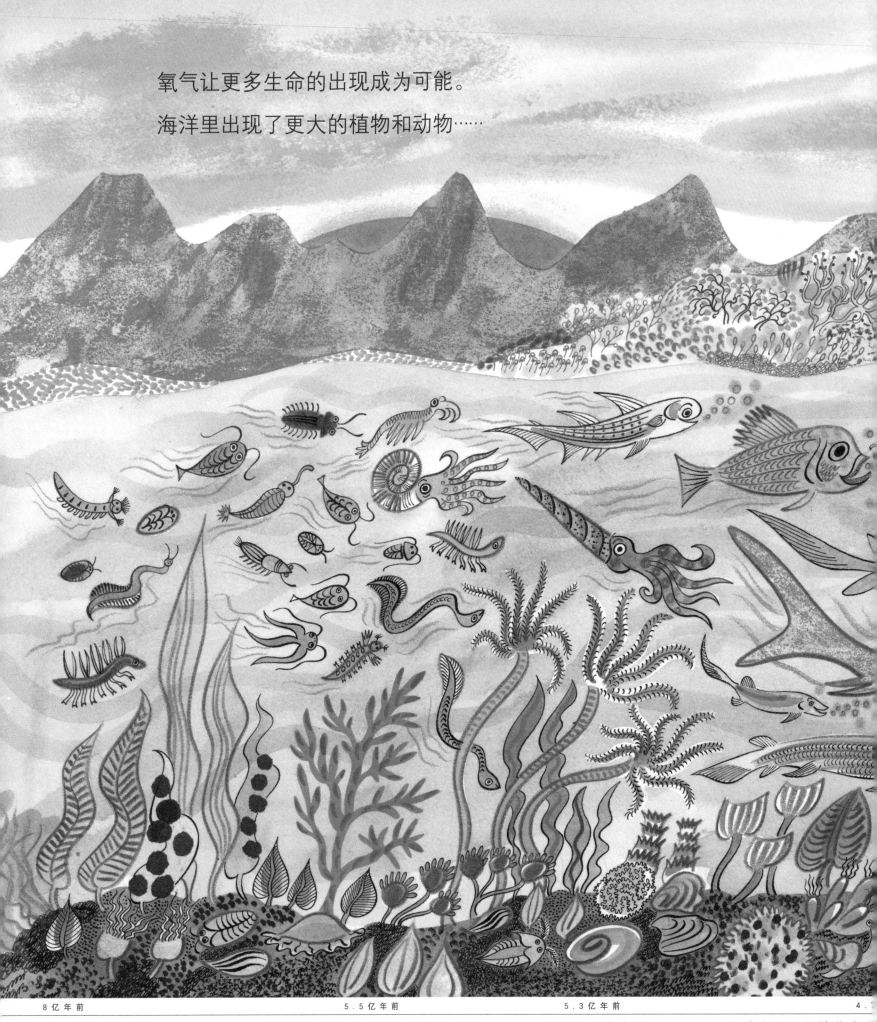

氧气让更多生命的出现成为可能。

海洋里出现了更大的植物和动物……

8亿年前　　　　　　　　　　　　　　5.5亿年前　　　　　　　　5.3亿年前　　　　　　4.

最早的海藻出现　　　　海洋里出现很多海藻和无脊椎动物　　最早的鱼类出现　　陆地上最早的植物出现

然后，在陆地上出现……

2 年前

4.19亿年前

3.85亿年前

陆地上最早的昆虫出现 很多新种类的鱼出现 陆地上最早的脊椎动物和最早的森林出现

3.59亿—2.99亿年前

在石炭纪时期，森林里的树木高达30米。

经过很长时间，巨大的森林沼泽遍布整个地球。

当森林里的树和其他植物死去，沉入泥沼，它们的叶子、根和枝条里储存的二氧化碳也一并被埋入地下。

这些森林里充满了生命，从巨型两栖动物到巨型昆虫，以及最初的爬行动物。

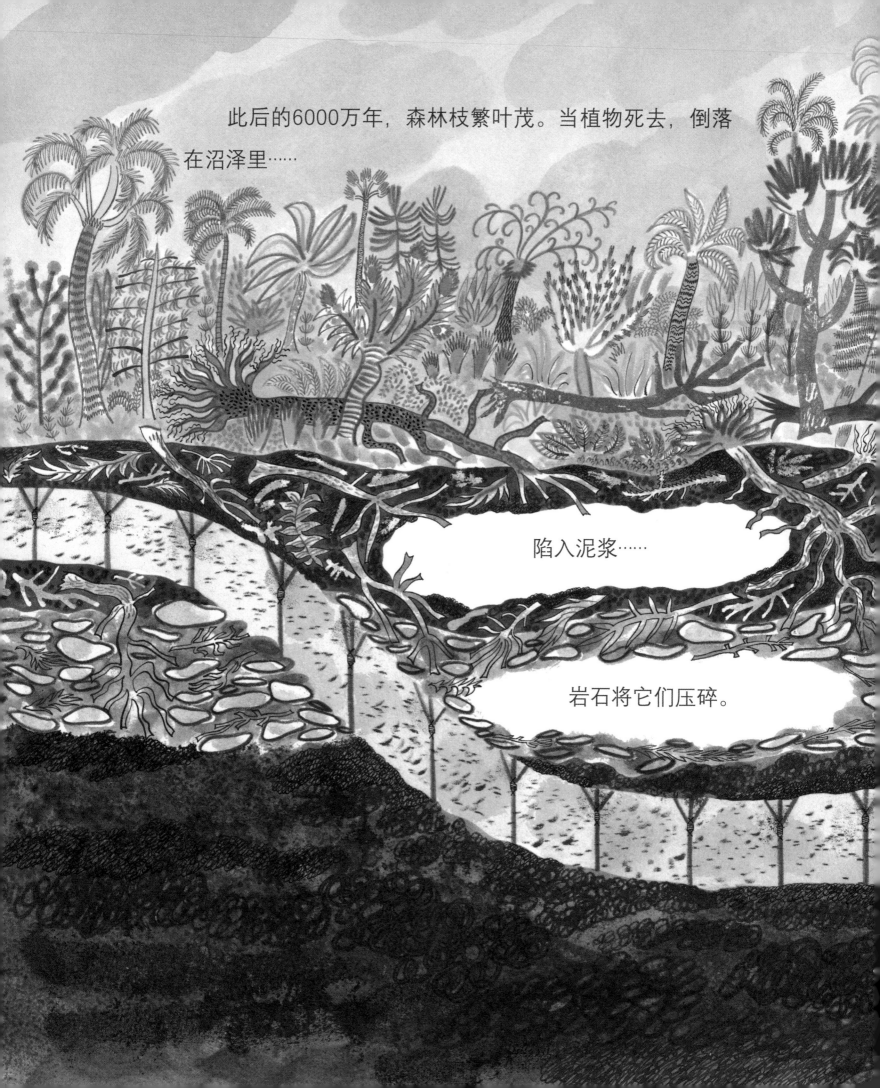

此后的6000万年，森林枝繁叶茂。当植物死去，倒落在沼泽里……

陷入泥浆……

岩石将它们压碎。

　　远古的森林沼泽消亡之后的很长时间里，植物遗骸被埋在地下。经过几百万年，那些遗骸变成了煤、石油和天然气——就是我们现在熟知的**化石燃料**。

化石燃料中储存着大量二氧化碳，以及来自太阳的能量。人类使用这些能源来创建我们的现代世界，通过燃烧煤、石油和天然气，为房屋供暖，为工厂供电，为汽车和飞机提供燃料。

仅用了200年，我们就将那些古森林在6000万年间储存的二氧化碳全部释放了出来。

环绕地球的空气带叫作大气层。它由很多层气体构成，厚约100,000米。

二氧化碳就像一条毯子包裹着地球，阻止热量散失。我们在空气里每排放一点儿二氧化碳，都会令这条毯子变暖，扰乱气候，造成干旱、洪水和暴风雨。这就是为什么我们的地球正逐渐暖化，为什么气候发生了变化。

从太空看，大气层

像是一层蓝雾，包裹整个地球。

但是，植物可以帮忙：通过遮

阳使地面保持凉爽……

通过蒸腾使水进入空气中，

形成降雨。

最重要的是，植物可以帮助恢复空气成分平衡：
它们用自身的绿色物质吸收阳光中的能量，将二氧化
碳储存在叶子、根和枝条里。

植物并不是独自做这些，而是与其他生物合作。比如，动物帮助植物传花粉，传播种子；还有真菌，它们生活在植物根部，帮助植物从土壤里获取养分。

植物还互相协作。世界各地都有植物群落：巨大的绿色王国。

泰加林，也叫北方针叶林，
覆盖地球表面积的十分之一以上。

只要有足够的雨水让树木生长，就能形成各种森林，从覆盖地球寒冷北部大陆的**泰加林**……

到曾经如同一条绿色腰带，环绕地球赤道的**热带雨林**。这些森林吸收空气中的二氧化碳，储存在树干和树权里。

热带雨林需要保护：人们为了得到木材和种植经济作物（比如棕榈树），过度砍伐树木。

在树木难以生长的干旱地区，有**草原**和**草场**，那里的土壤深厚、肥沃，也能储存二氧化碳。

很多草原已用于农牧业，但是如果种植过多庄稼，
或者放牧过多牲畜，会造成土地裸露，土壤受到风雨的侵蚀而流失。

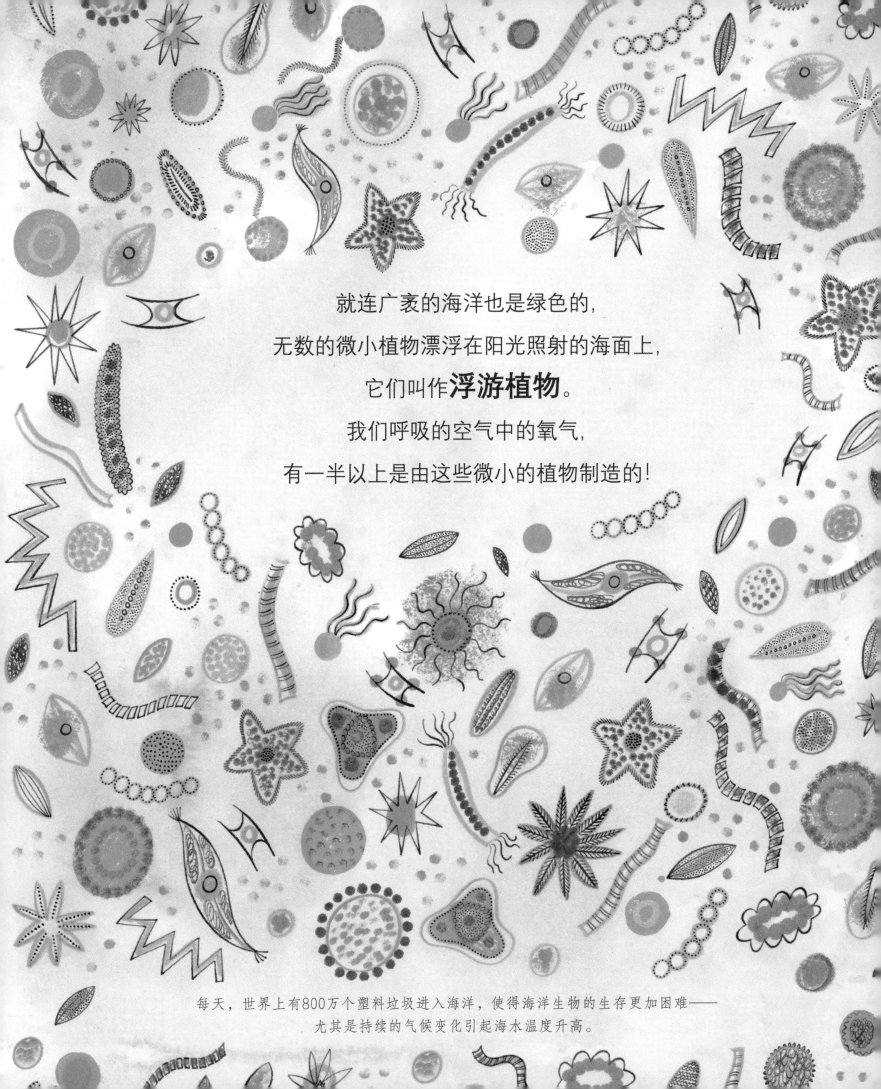

就连广袤的海洋也是绿色的，

无数的微小植物漂浮在阳光照射的海面上，

它们叫作**浮游植物**。

我们呼吸的空气中的氧气，

有一半以上是由这些微小的植物制造的！

每天，世界上有800万个塑料垃圾进入海洋，使得海洋生物的生存更加困难——
尤其是持续的气候变化引起海水温度升高。

此外，还有靠近海岸的**海藻林**，以及生活在浅海中的**海草床**。

它们吸收二氧化碳的速度甚至比陆地上的森林还要快。

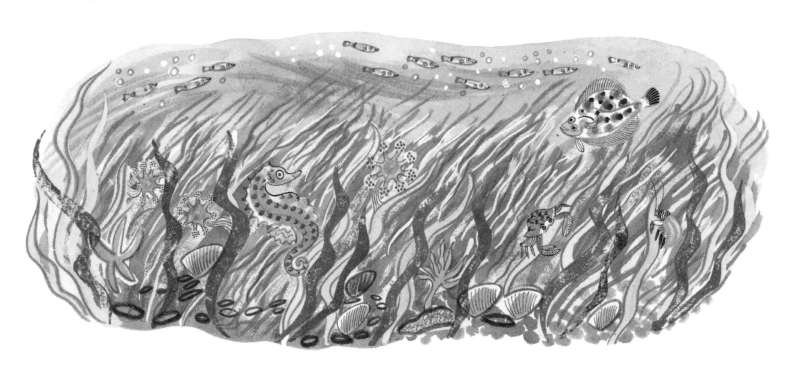

所有这些绿色王国都面临着危险。在陆地上，为了开辟农田、修建道路和城市，人类砍伐大量森林，并且丢弃的塑料垃圾已经污染了海洋。

这意味着，它们需要我们的帮助和保护。

它们需要我们记住：**绿色**是世界上最重要的颜色。